톡톡 창의력 숫자 쓰기 2 스티커

● 26, 27쪽에 붙이세요.

톡톡 창의력 숫자 쓰기 2 스티커

● 74, 75쪽에 붙이세요.

● 78, 79쪽에 붙이세요.

은정	성우	승호	소라	민지
다빈	민준	준수	미영	동준

쓰고 그리고 칠하면서 머리가 좋아지는

4-6세
만 3-5세

톡톡 창의력 숫자 쓰기2

창의수학연구소 지음

한빛에듀

창의수학연구소는

창의수학연구소를 이끌고 있는 장동수 소장은 국내 최초의 창의력 교재인 [창의력 해법수학]과

영재교육의 새 지평을 연 천재교육 [로드맵 영재수학] 등 250여 권이 넘는 수학 교재를 집필했습니다.

수학은 일반적으로 머리가 좋아야 잘 할 수 있다고 알려져 있지만 연구 결과에 따르면

후천적인 환경의 영향을 많이 받는다고 합니다. 창의수학연구소는 오늘도 우리 아이들이 어떻게

수학에 재미를 붙이고 창의력을 키워나갈 수 있게 할 것인지를 고민하며,

좋은 책과 더 나은 학습 환경을 만들기 위해 노력합니다.

쓰고 그리고 칠하면서 머리가 좋아지는

톡톡 창의력 숫자 쓰기 ❷ 4-6세(만3-5세)

초판 1쇄 발행 2016년 5월 18일
초판 5쇄 발행 2022년 3월 10일

지은이 창의수학연구소 **펴낸이** 김태헌
총괄 임규근 **책임편집** 김혜선 **기획편집** 전정아 **진행** 최은송
디자인 천승훈
영업 문윤식, 조유미 **마케팅** 신우섭, 손희정, 박수미 **제작** 박성우, 김정우
펴낸곳 한빛에듀 **주소** 서울시 서대문구 연희로 2길 62 한빛미디어(주) 실용출판부
전화 02-336-7129 **팩스** 02-325-6300
등록 2015년 11월 24일 제2015-000351호 **ISBN** 978-89-6848-451-3 64410

이 책에 대한 의견이나 오탈자 및 잘못된 내용에 대한 수정 정보는 한빛에듀의 홈페이지나 아래 이메일로
알려주십시오. 잘못된 책은 구입하신 서점에서 교환해 드립니다. 책값은 뒤표지에 표시되어 있습니다.

한빛에듀 홈페이지 edu.hanbit.co.kr **이메일** edu@hanbit.co.kr

지금 하지 않으면 할 수 없는 일이 있습니다.
책으로 펴내고 싶은 아이디어나 원고를 메일(writer@hanbit.co.kr)로 보내주세요.
한빛미디어(주)는 여러분의 소중한 경험과 지식을 기다리고 있습니다.

부모님, 이렇게 도와 주세요!

❶ 우리 아이, 창의력 활동이 처음이라면!

아이가 창의력 활동이 처음이더라도 우리 아이가 잘 할 수 있을까 하고 걱정할 필요는 없습니다. 중요한 것은 어느 나이에 시작하느냐가 아니라 아이가 재미있게 창의력 활동을 시작하는 것입니다. 따라서 아이가 흥미를 보인다면 어느 나이에 시작하든 상관없습니다.

❷ 큰소리로 읽고, 쓰고 그릴 수 있도록 해 주세요

큰소리로 읽다 보면 자신감이 생깁니다. 자신감이 생기면 쓰고 그리는 활동도 더욱 즐겁고 재미있습니다. 각각의 페이지에는 우리 아이에게 친근한 사물 그림과 이름도 함께 있습니다. 그냥 눈으로만 보고 넘어가지 말고 아이랑 함께 크게 읽어 보세요. 처음에는 부모님이 먼저 읽은 후 아이가 따라 읽게 합니다. 나중에는 아이가 먼저 읽게 한 후 부모님도 동의하듯 따라 읽어 주세요. 그러면 아이의 성취감은 더욱 높아지고 한글 쓰기 활동이 놀이처럼 재미있어집니다.

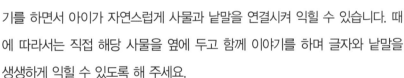

❸ 아이와 함께 이야기를 하며 풀어 주세요

이 책에는 여러 사물이 등장합니다. 아이가 각 글자를 익히면서 연관된 사물을 보고 이야기를 만들 수 있도록 해 주세요. 함께 보고 만져 보았거나 체험했던 사실을 바탕으로 얘기를 하면서 아이가 자연스럽게 사물과 낱말을 연결시켜 익힐 수 있습니다. 때에 따라서는 직접 해당 사물을 옆에 두고 함께 이야기를 하며 글자와 낱말을 생생하게 익힐 수 있도록 해 주세요.

❹ 아이의 생각을 존중해 주세요

아이가 한글 쓰기를 하면서 가끔은 전혀 예상하지 못했던 생각을 펼치거나 질문을 할 수도 있습니다. 그럴 때는 아이가 왜 그렇게 생각하는지 그 이유를 차근차근 물어보면서 아이의 생각이 맞다고 인정해 주세요. 부모님이 아이를 믿고 기다려 주는 만큼 아이의 생각과 창의력은 성큼 자랍니다.

이 책의
활용법!

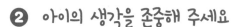

❶ 정답은 여러 가지일 수 있습니다

미로 찾기 정답은 꼭 하나만 있는 것은 아닙니다. 아이가 다른 답을 찾았을 경우에도 아낌없이 칭찬해 주세요. 아이가 다양하게 생각하면서 응용력을 기를 수 있습니다.

❷ 아이의 생각을 존중해 주세요

아이가 문제를 풀면서 가끔 전혀 예상하지 못했던 주장이나 생각을 펼칠 수도 있습니다. 그럴 때는 왜 그렇게 생각하는지 그 이유를 차근차근 물어보면서 아이의 생각이 맞다고 인정해 주세요. 부모님이 믿고 기다려주는 만큼 아이의 논리력은 사고력과 함께 성큼 자랍니다.

❸ 아이와 함께 이야기를 하며 풀어 주세요

이 책에는 수많은 캐릭터들이 등장합니다. 아이들 스스로 캐릭터의 주인공이 되어 이야기를 만들면서 문제를 풀 수 있도록 부모님께서도 거들어 주세요. 아이가 미로 찾기에 흠뻑 빠져 놀다 보면 집중력과 상상력을 키울 수 있습니다.

❹ 의성어와 의태어를 이용하면 더 재미있습니다

영차영차, 뒤뚱뒤뚱, 팔락팔락, 부릉부릉, 폴짝폴짝 등과 같은 의성어나 의태어를 이용하면서 문제를 풀 수 있도록 해 주세요. 문제에 나오는 다양한 사물들의 특징을 보다 쉽게 이해하면서 언어 능력도 키울 수 있습니다.

참 잘했어요

창의력이 톡톡!
창의력이 성큼 자란 것을 축하하며
이 상장을 드립니다.

이름 _____

날짜 _____ 년 _____ 월 ____ 일

아이가 책을 마치면, 칭찬과 함께 수여해 주세요.

숫자 쓰기 2

35

100

1
일

오늘은 내 첫 생일이에요

오늘은 내가 세상 밖으로 나온 지
1년 되는 날이에요.
손으로 짚으며 세어보고 따라 쓰세요.

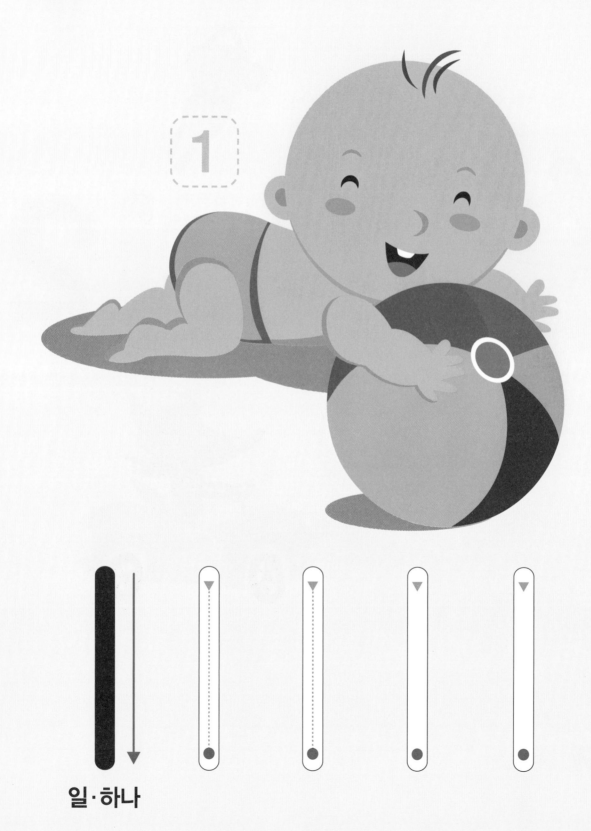

일·하나

2
이

내 동생이 태어났어요

나에게 예쁜 동생이 생겨서
기분이 좋아요.
손으로 짚으며 세어보고 따라 쓰세요.

이 · 둘

3
삼

예방주사를 맞으러 가요

엄마랑 병원에 예방주사를 맞으러 가요.
손으로 짚으며 세어보고 따라 쓰세요.

3 3 3 3

삼·셋

4
사

친구들과 신나게 놀아요

친구들과 놀이터에 나왔어요.
손으로 짚으며 세어보고 따라 쓰세요.

사 · 넷

5

오

친구들과 소풍을 가요

친구들과 소풍을 나와
맛있는 음식을 먹어요.
손으로 짚으며 세어보고 따라 쓰세요.

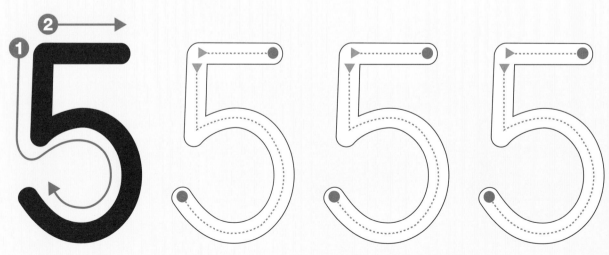

오·다섯

6
육

친구들과 공원에서 놀아요

친구들과 공원에 놀러 나왔어요.
손으로 짚으며 세어보고 따라 쓰세요.

6
육·여섯

7
칠

친구들과 신나게 달려요

친구들과 함께
신나게 달리기 시합을 해요.
손으로 짚으며 세어보고 따라 쓰세요.

칠·일곱

14

8
팔

초등학교 입학식 날이에요

초등학교 입학식 날
온 가족이 모여 사진을 찍어요.
손으로 짚으며 세어보고 따라 쓰세요.

팔·여덟

9 구

첨벙첨벙 물놀이를 해요

친구들과 물놀이를 하며
재미있게 놀아요.
손으로 짚으며 세어보고 따라 쓰세요.

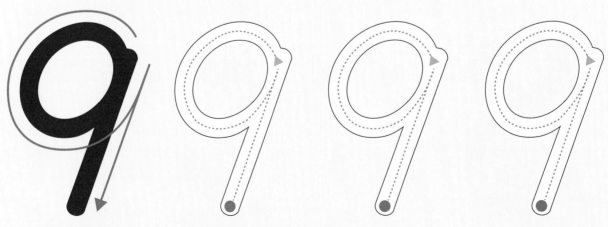

구·아홉

10 십

빙판 위에서 스케이트를 타요

친구들과 스케이트를 타며 놀아요.
손으로 짚으며 세어보고 따라 쓰세요.

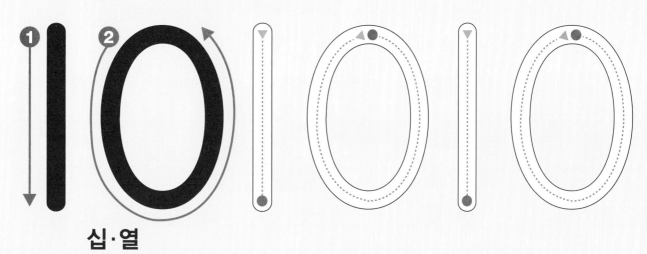

십·열

1 일·하나 2 이·둘 3 삼·셋 4 사·넷 5 오·다섯

손으로 짚으며 수를 세어보고
알맞은 수카드에 선을 이어보세요.

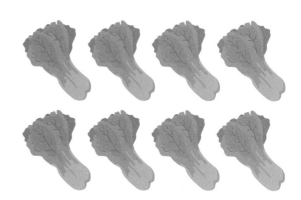

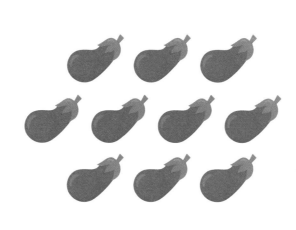

6

육·여섯

7

칠·일곱

8

팔·여덟

9

구·아홉

10

십·열

10까지 수를 세요 2

촛불의 개수를 세어 ☐ 안에 알맞은 수를 써넣으세요.

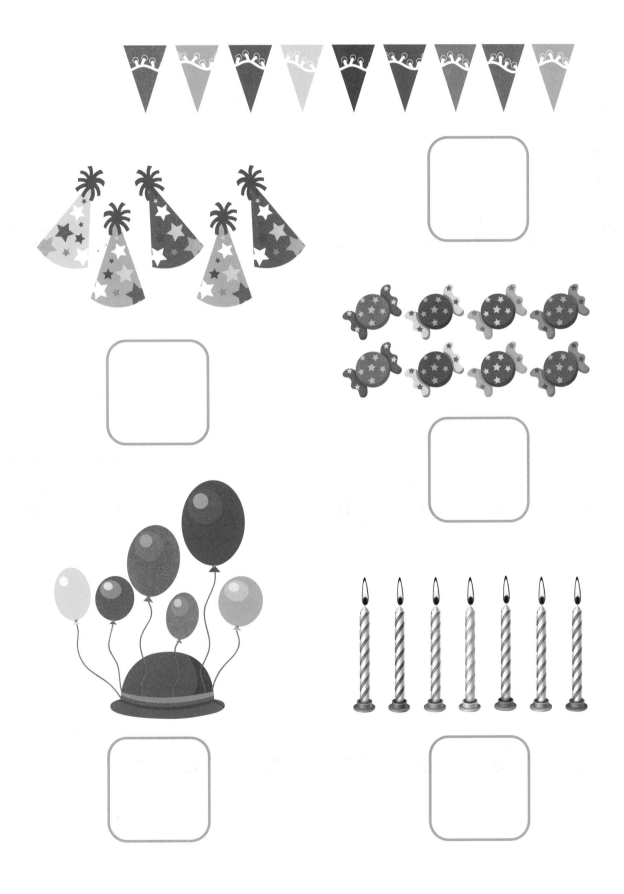

각각의 개수를 세어 보고 ☐ 안에 알맞은 수를 써넣으세요.

번호 순서대로 줄을 서려고 해요.
순서에 맞게 스티커를 붙여보세요.

10까지 수를 세요 4

왼쪽의 수만큼 ◯에 색칠하세요.

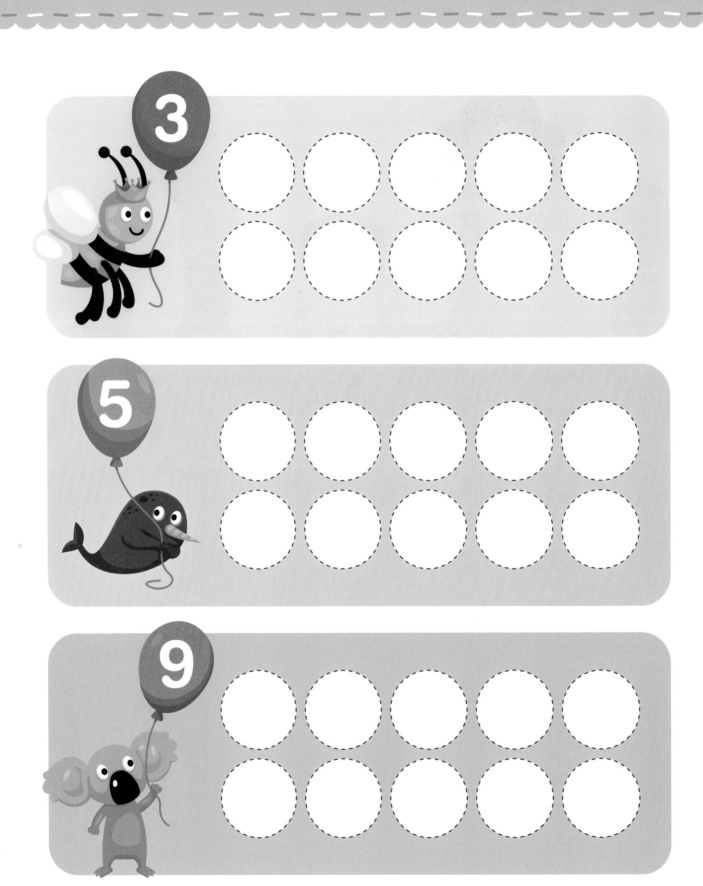

4

7

6

10

29

보기

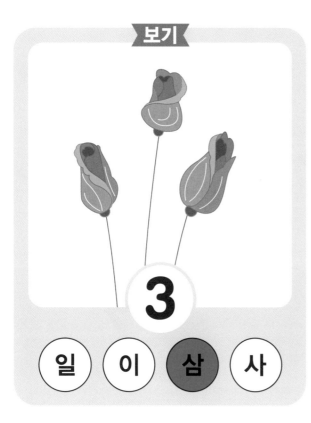

3

일 이 **삼** 사

삼 이 오 사

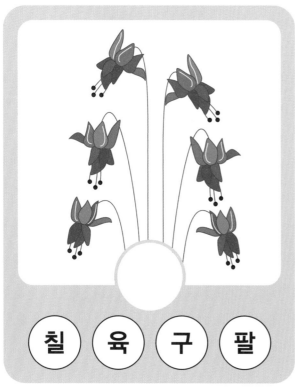

칠 육 구 팔

십 칠 팔 구

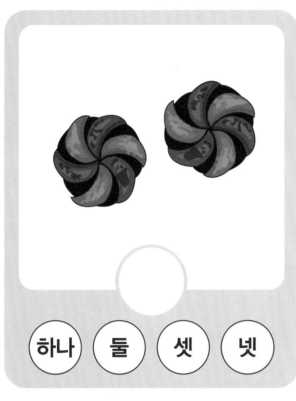

하나 둘 셋 넷

둘 다섯 넷 셋

여섯 일곱 여덟 아홉

여덟 아홉 열 일곱

31

11~12 십일~십이

11, 12를 세고 읽어요

몇 개인지 세어 보고, 수를 읽으며 따라 써보세요.

십일·열하나

11				

십이·열둘

12				

13~14 십삼~십사

13, 14를 세고 읽어요

몇 개인지 세어 보고, 수를 읽으며 따라 써보세요.

십삼 · 열셋

13				

십사 · 열넷

14				

15 십오

15를 세고 읽어요

몇 개인지 세어 보고, 수를 읽으며 따라 써보세요.

십오·열다섯

15				

십일	십이	십삼	십사	십오
열하나	열둘	열셋	열넷	열다섯

11				

16~17 십육~십칠

16, 17을 세고 읽어요

몇 개인지 세어 보고, 수를 읽으며 따라 써보세요.

십육·열여섯

16				

십칠·열일곱

17				
 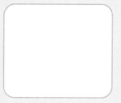 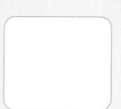 

18~19 십팔~십구

18, 19를 세고 읽어요

몇 개인지 세어 보고, 수를 읽으며 따라 써보세요.

십팔 · 열여덟

18				

십구 · 열아홉

19				

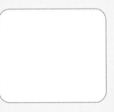 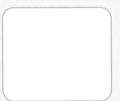  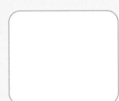

20 이십

20을 세고 읽어요

몇 개인지 세어 보고, 수를 읽으며 따라 써보세요.

이십·스물

20				

십육 열여섯	십칠 열일곱	십팔 열여덟	십구 열아홉	이십 스물
16				

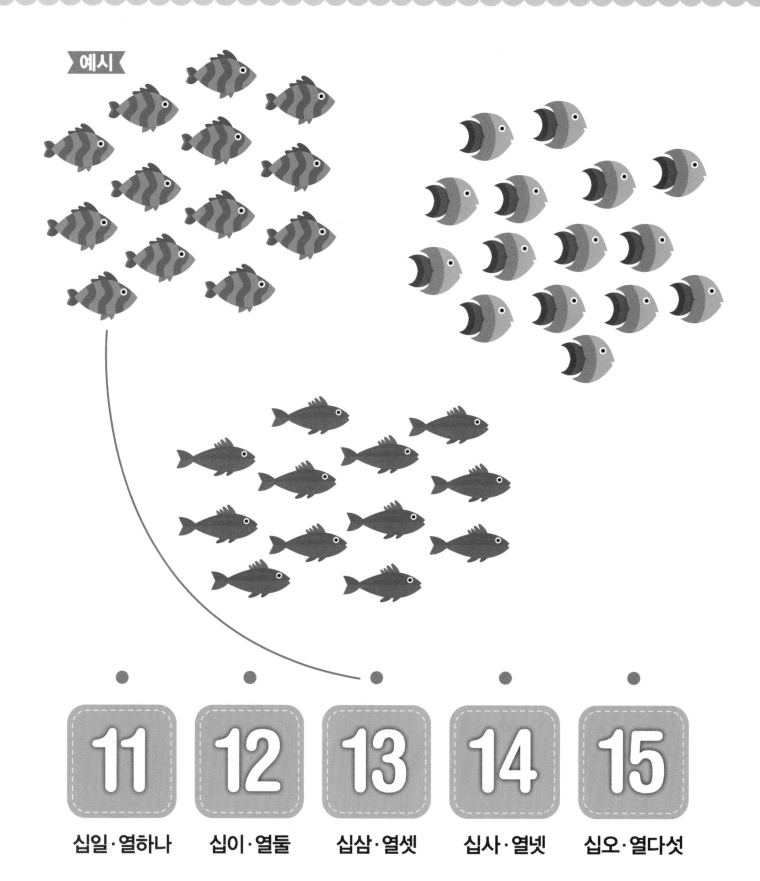

11 십일·열하나

12 십이·열둘

13 십삼·열셋

14 십사·열넷

15 십오·열다섯

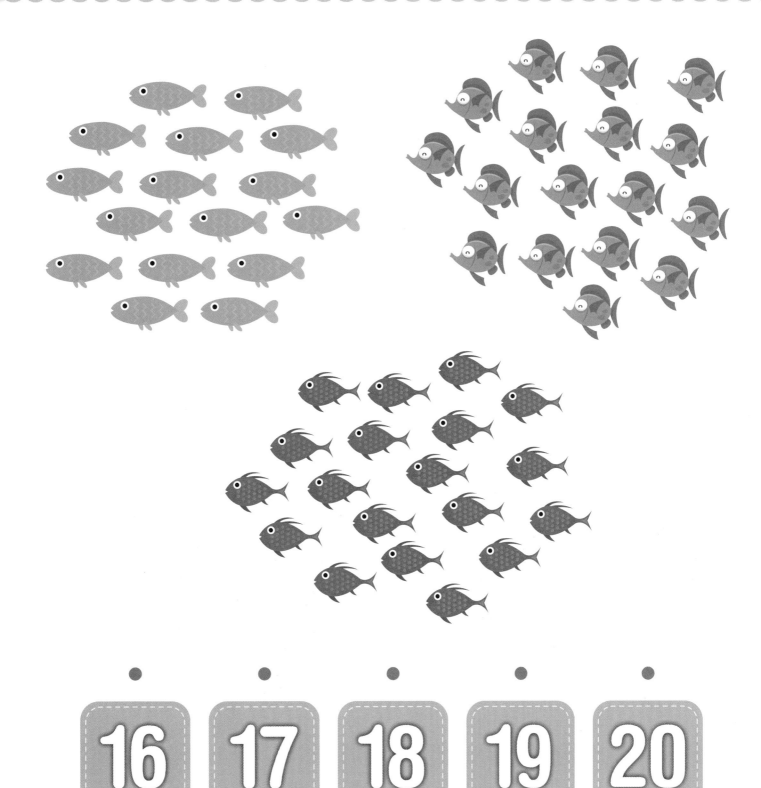

16	**17**	**18**	**19**	**20**
십육·열여섯	십칠·열일곱	십팔·열여덟	십구·열아홉	이십·스물

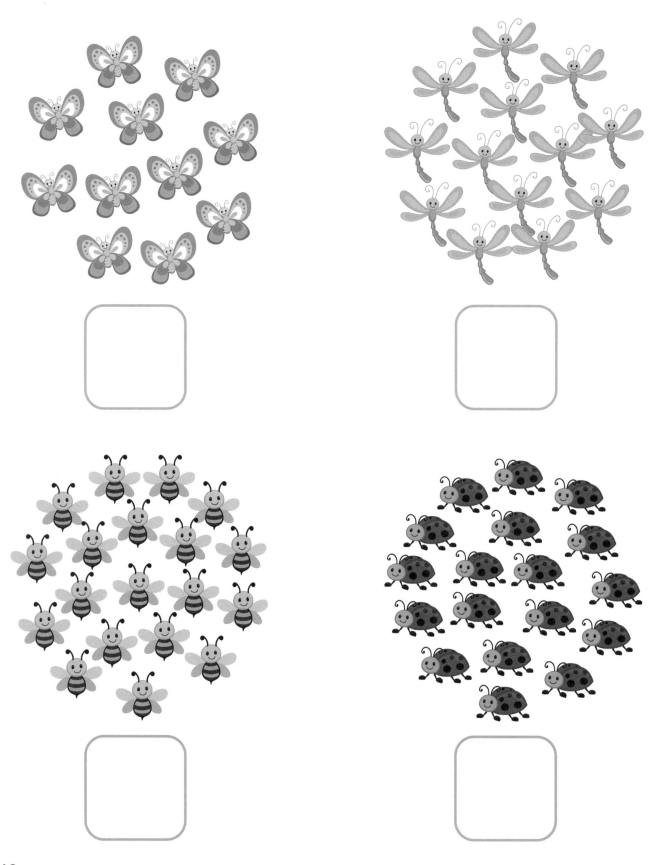

40

각각의 수를 세어 보고 ☐ 안에 알맞은 수를 써넣으세요.

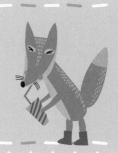

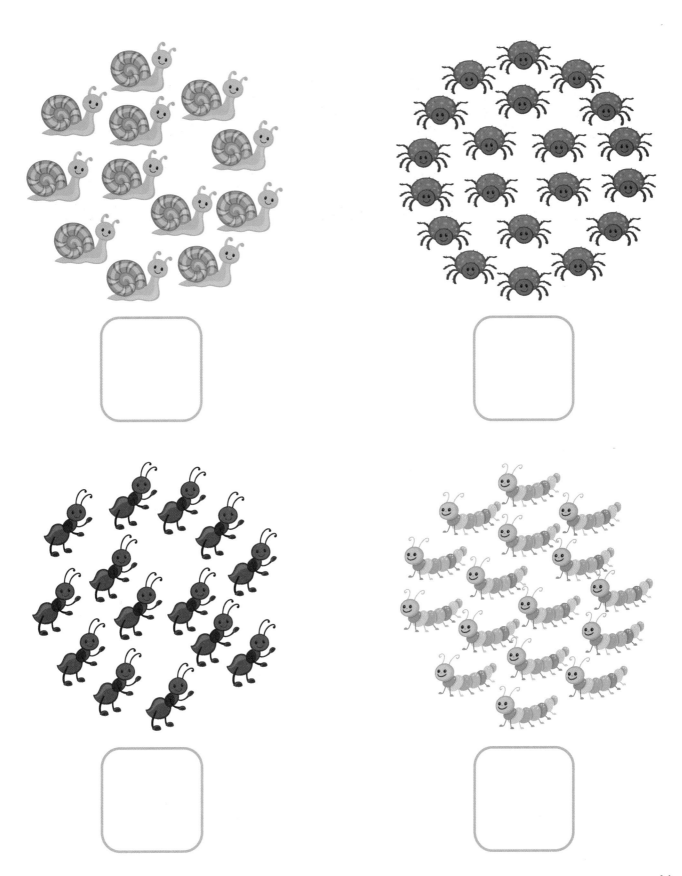

10개 묶음	1
낱개	4

→ 14

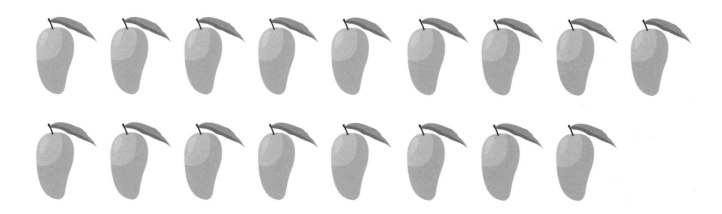

10개 묶음	
낱개	

→

42

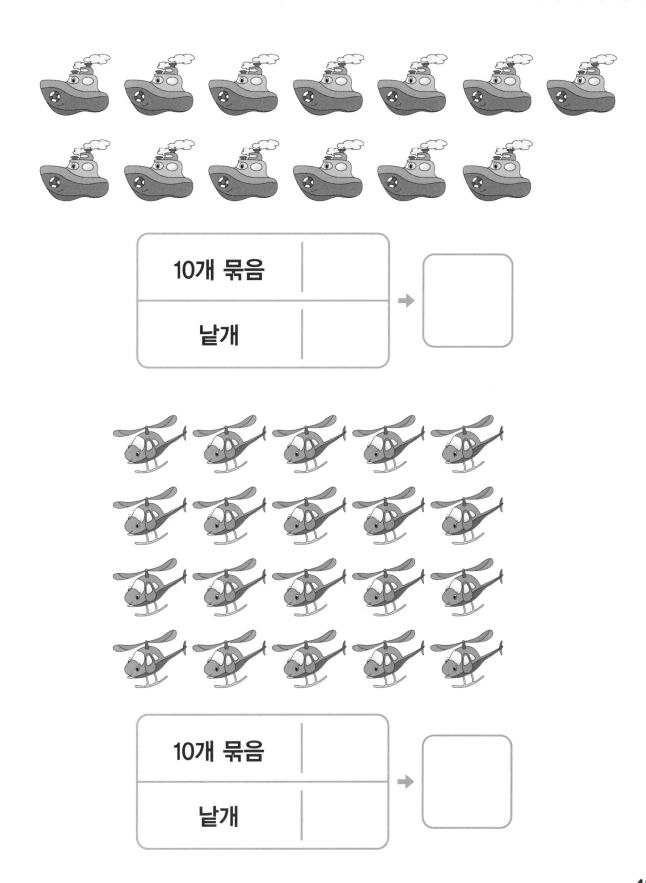

10개 묶음	
낱개	

10개 묶음	
낱개	

43

주어진 개수가 되도록 모양을 더 그리세요.

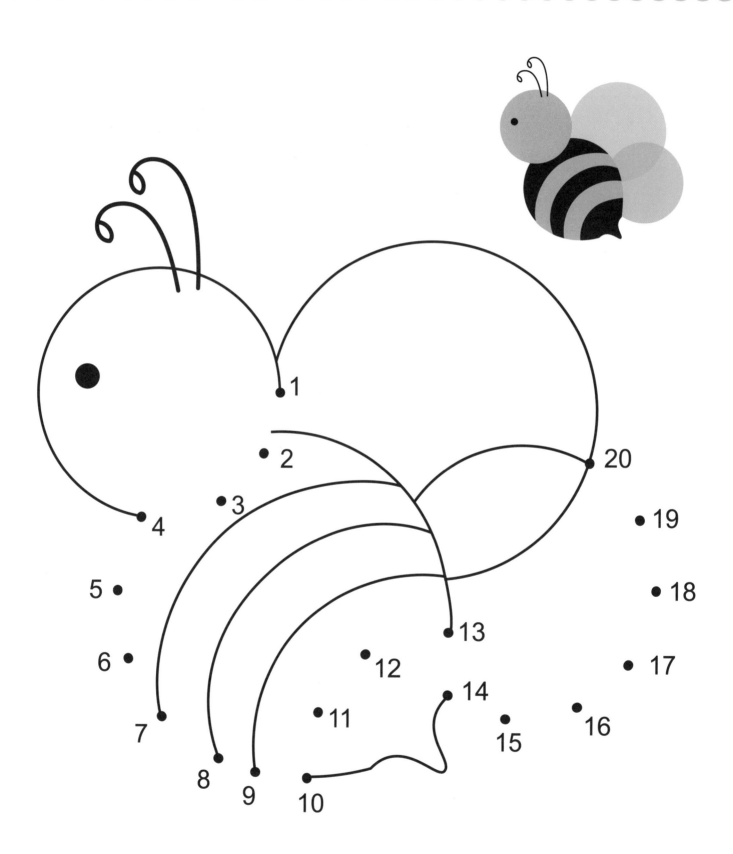

46

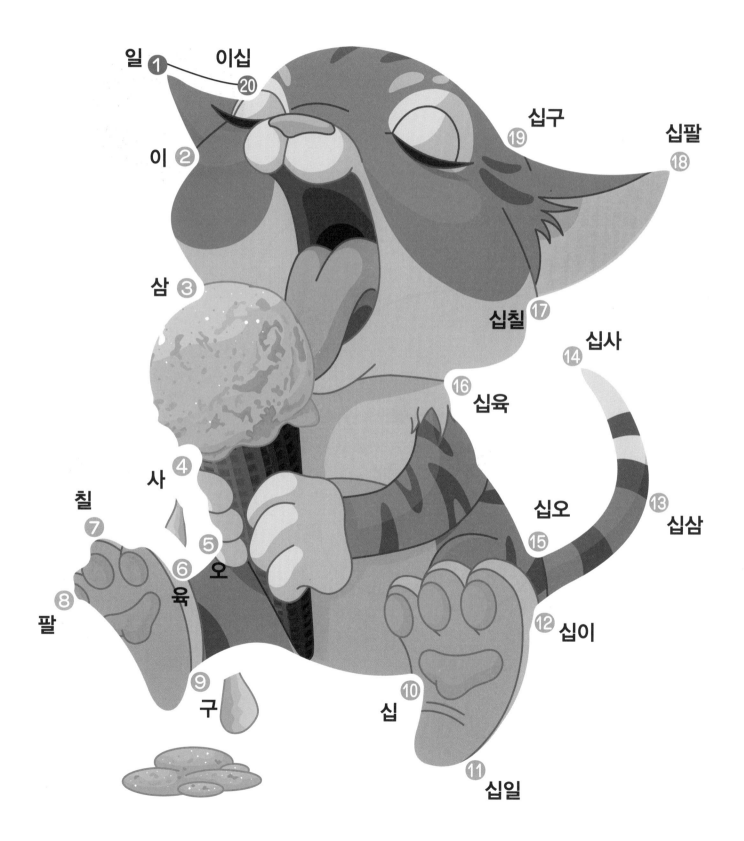

일 ① 이십 ⑳ 십구 ⑲ 십팔 ⑱
이 ② 삼 ③ 십칠 ⑰ 십사 ⑭ 십육 ⑯
사 ④ 칠 ⑦ 오 ⑤ 육 ⑥ 십오 ⑮ 십삼 ⑬
팔 ⑧ 구 ⑨ 십 ⑩ 십이 ⑫
십일 ⑪

48

큰소리로 읽으면서 1부터 20까지 차례대로 선을 이으세요.

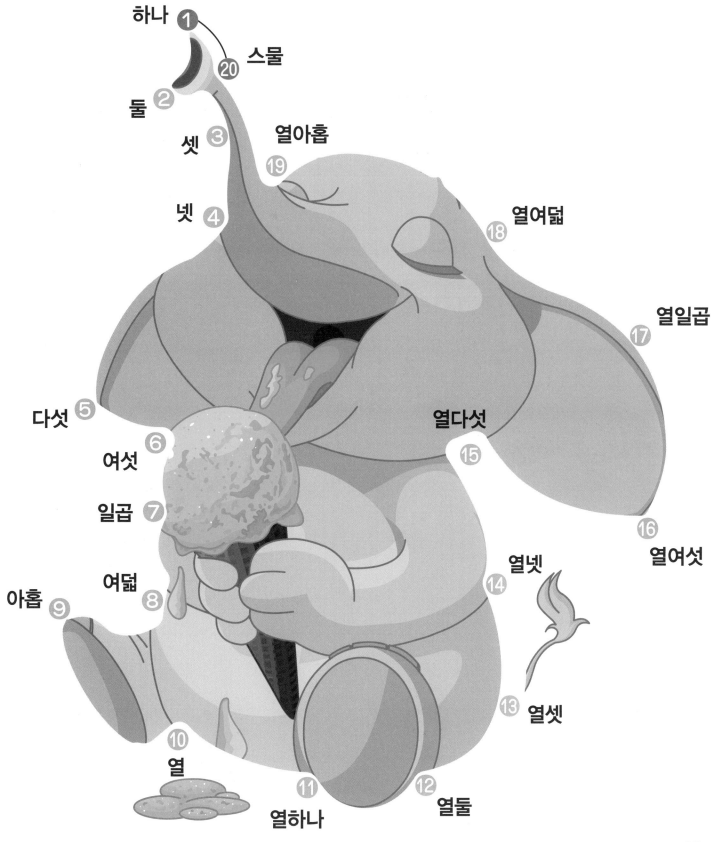

하나 ①
스물 ⑳
둘 ②
셋 ③ 열아홉 ⑲
넷 ④
열여덟 ⑱
열일곱 ⑰
다섯 ⑤
여섯 ⑥
일곱 ⑦ 열다섯 ⑮
⑯ 열여섯
여덟 ⑧ 열넷 ⑭
아홉 ⑨
열셋 ⑬
열 ⑩
열하나 ⑪ 열둘 ⑫

각각의 개수를 세어보고, 수를 쓰세요.

작은 수부터 점점 커지는 수를 따라가도록 선을 이어보세요.

54

1~20까지 수를 써요

1부터 10까지 수를 써보세요.

1 일	1	6 육	6
2 이	2	7 칠	7
3 삼	3	8 팔	8
4 사	4	9 구	9
5 오	5	10 십	10

11 십일	11	16 십육	16
12 십이	12	17 십칠	17
13 십삼	13	18 십팔	18
14 십사	14	19 십구	19
15 십오	15	20 이십	20

21~30 이십일~삼십

21~30까지 수를 세요

원숭이의 수를 센 후 빈 곳에 써넣으세요.

이십일	이십이	이십삼	이십사	이십오	이십육	이십칠	이십팔	이십구	삼십
21	22	23	24	25	26	27	28	29	30

10마리씩 묶어보고, 빈 곳에 알맞은 수를 써넣으세요.

묶음	낱개	이십삼

묶음	낱개	삼십

31~40 삼십일~사십

31~40까지 수를 세요

나비의 수를 센 후 빈 곳에 써넣으세요.

삼십일	삼십이	삼십삼	삼십사	삼십오	삼십육	삼십칠	삼십팔	삼십구	사십
31	32	33	34	35	36	37	38	39	40

10마리씩 묶어보고, 빈 곳에 알맞은 수를 써넣으세요.

묶음	낱개	**삼십오**

묶음	낱개	**사십**

41~50 사십일~오십

41~50까지 수를 세요

물고기의 수를 세어 빈 곳에 써넣으세요.

사십일	사십이	사십삼	사십사	사십오	사십육	사십칠	사십팔	사십구	오십
41	42	43	44	45	46	47	48	49	50

10마리씩 묶어보고, 빈 곳에 알맞은 수를 써넣으세요.

묶음	낱개	사십구

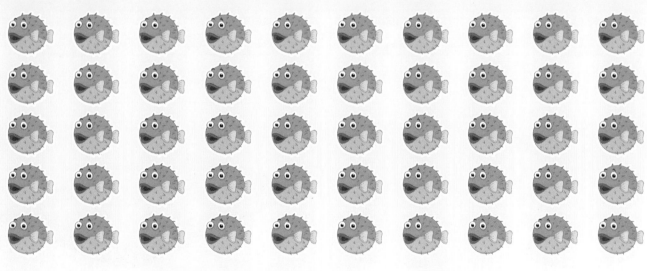

묶음	낱개	오십

51~60 오십일 ~ 육십

51~60까지 수를 세요

쿠키는 몇 개인지 세어 빈 곳에 수를 써넣으세요.

오십일	오십이	오십삼	오십사	오십오	오십육	오십칠	오십팔	오십구	육십
51	52	53	54	55	56	57	58	59	60

10마리씩 묶어보고, 빈 곳에 알맞은 수를 써넣으세요.

묶음	낱개	오십일

묶음	낱개	육십

61~70 육십일~칠십

61~70까지 수를 세요

오렌지의 수를 세어 빈 곳에 써넣으세요.

육십일	육십이	육십삼	육십사	육십오	육십육	육십칠	육십팔	육십구	칠십
61	62	63	64	65	66	67	68	69	70

빈 곳에 알맞은 수를 써넣으세요.

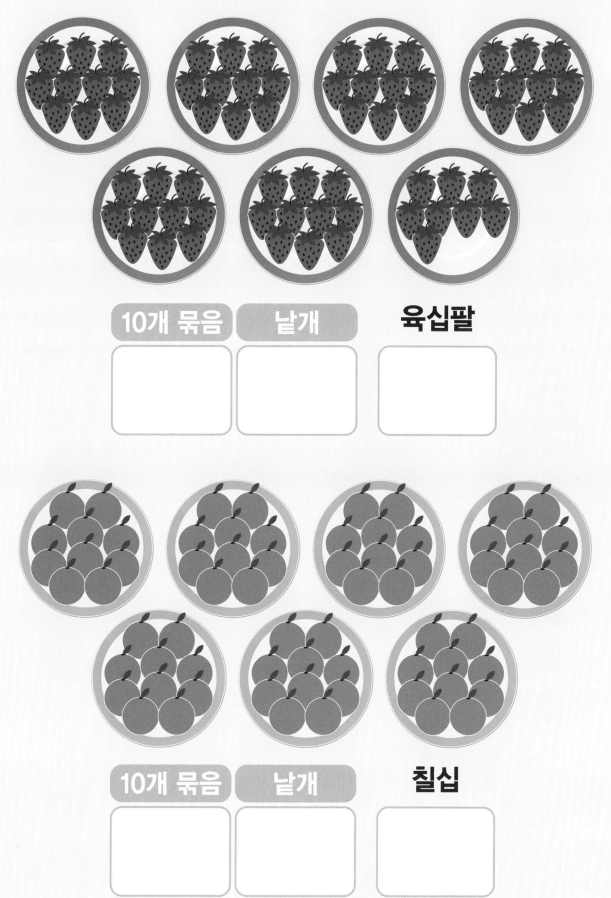

10개 묶음	낱개	육십팔

10개 묶음	낱개	칠십

71~80 칠십일~팔십

71~80까지 수를 세요

컵케이크는 몇 개인지 세어 빈 곳에 수를 써넣으세요.

빈 곳에 알맞은 수를 써넣으세요.

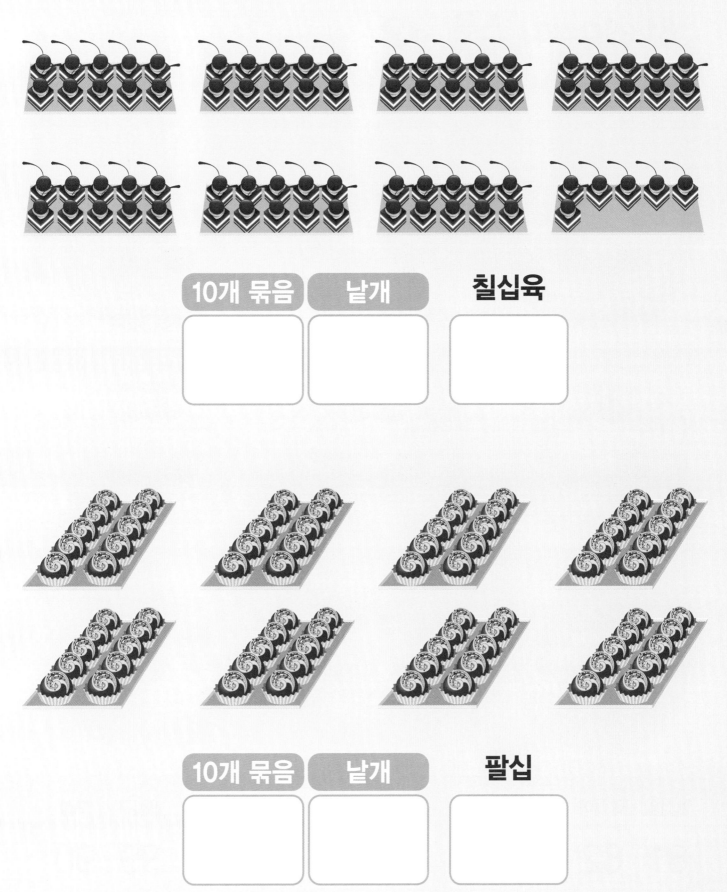

10개 묶음	낱개	칠십육

10개 묶음	낱개	팔십

81~90 팔십일~구십

81~90까지 수를 세요

만두의 수를 세어 빈 곳에 써넣으세요.

팔십일	팔십이	팔십삼	팔십사	팔십오	팔십육	팔십칠	팔십팔	팔십구	구십
81	82	83	84	85	86	87	88	89	90

빈 곳에 알맞은 수를 써넣으세요.

10개 묶음	낱개	팔십칠

10개 묶음	낱개	구십

91~100 구십일 ~ 백

91~100까지 수를 세요

몇 개인지 세어보고, 빈 곳에 알맞은 수를 써넣으세요.

구십일	구십이	구십삼	구십사	구십오	구십육	구십칠	구십팔	구십구	백
91	92	93	94	95	96	97	98	99	100

빈 곳에 알맞은 수를 써넣으세요.

10개 묶음	낱개	구십오

10개 묶음	낱개	백

고양이가 기차를 운전하고, 첫째 칸에는 토끼가 타고 있어요.
각 칸에는 어떤 동물이 타고 있는지 스티커를 붙이세요.

다섯째

첫째

둘째

넷째

셋째

그림을 보고 관계있는 것끼리 선으로 이으세요.

열째

여덟째

다섯째

아홉째

둘째

일곱째

첫째

여섯째

넷째

셋째

둘째는
성우

셋째는
은정

다섯째는
소라

아홉째는
미영

첫째는
승호

넷째는
민지

여섯째는
민준

일곱째는
다빈

열째는
준수

여덟째는
동준

| | | | | 민준 |

다음 설명을 읽고, 이름 스티커를 알맞게 붙이세요.

승호

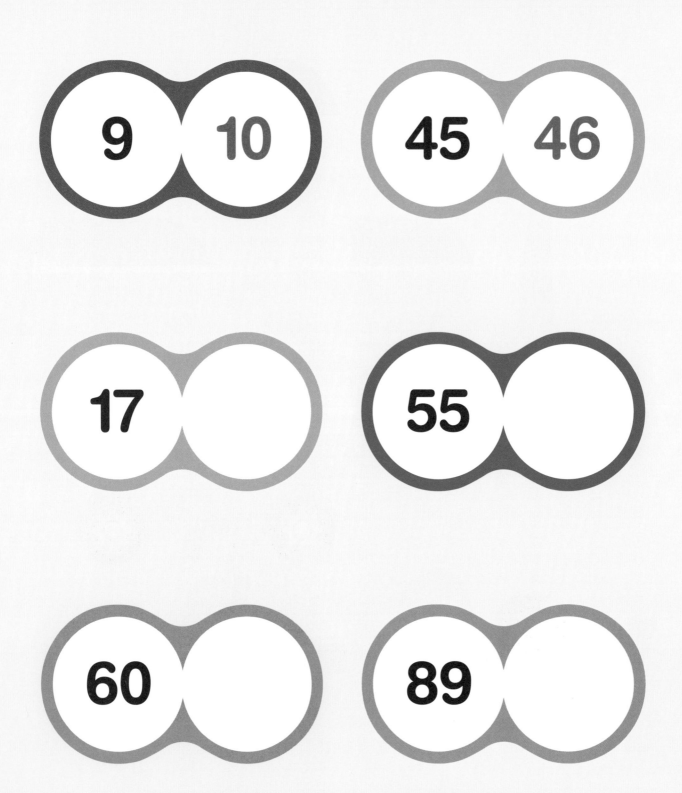

9 10

45 46

17

55

60

89

주어진 수의 다음 수를 빈 곳에 쓰세요.

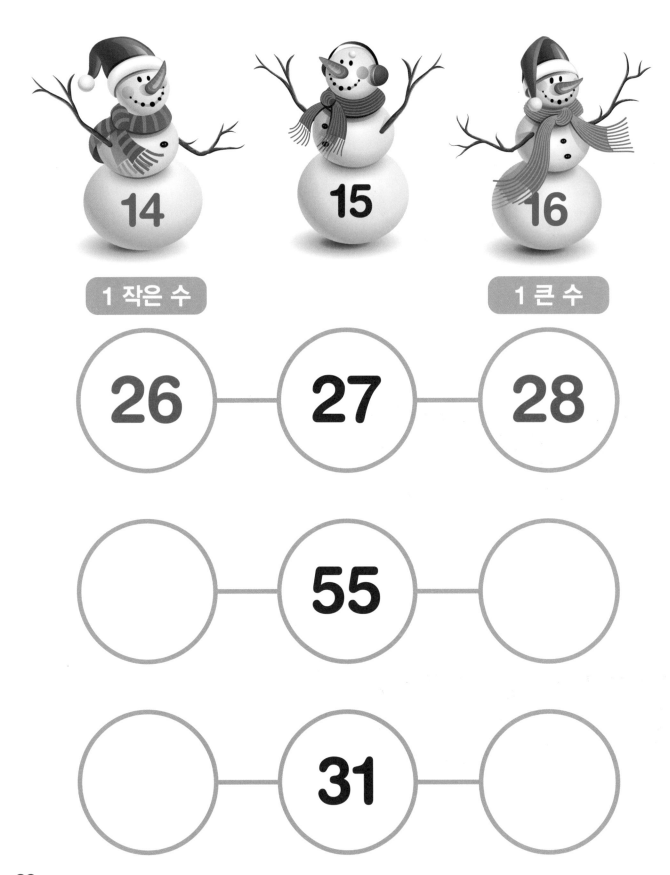

1 작은 수와 1 큰 수를 써보세요.

1 작은 수		1 큰 수
	49	
	84	
	20	
	99	

작은 수와 큰 수를 찾아요 2

더 큰 수에 ○표 하세요.

더 작은 수에 ○표 하세요.

가장 큰 수에 ◯표 하세요.

가장 큰 수에 ○표, 가장 작은 수에 △표 하세요.

16 　 18

　 41 42

67 68

빈 곳에 알맞은 수를 써넣으세요.

| 18 | 19 | | 21 | 22 |

| 79 | | 81 | 82 | |

| 38 | | | | 42 |

작은 수와 큰 수를 찾아요 4

큰 동그라미에 있는 숫자보다 큰 수에 모두 ○표 해보세요.

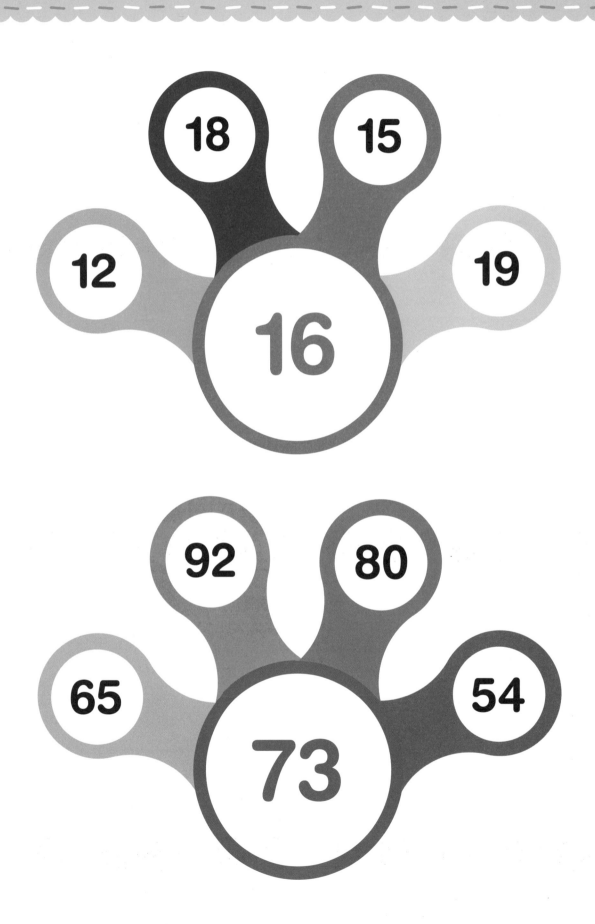